EL LIBRO DEL OCTÓGONO

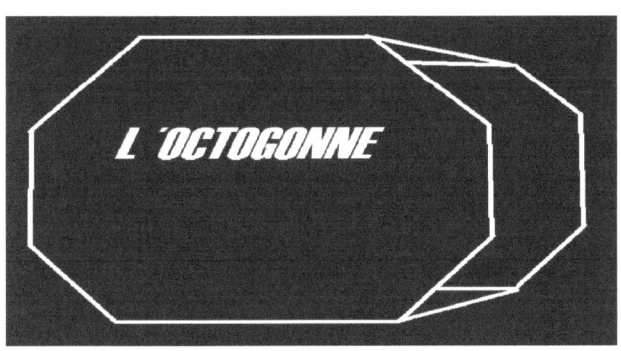

L 'OCTOGONNE

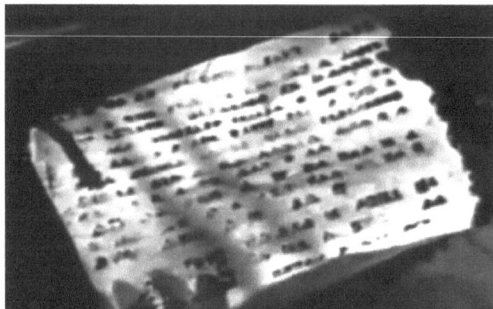

Me están gritando! Que debo seguir con mi misión, y todo lo demás son aparejos...hehe!!! Impresionante,qué trabajo madre!!!..hhh!!!.

Mis amigos intraterrestres:

Bueno, seguimos pues, ...existen unos seres que se encuentran entre nosotros y que podrían ser llamados de duendes,elfos y que puede ser que estén en 4 dimensión, pero no es otra dimensión, nisiquiera otra forma del ser, son reales y están entre nosotros, simplemente ...los sentimos y todo, pero no todos somos capaces de verlos,...bueno en ciertas condiciones si podemos y son así como los seres que vió HG Wells en la Guerra de los Mundos del tamaño de los gatos, de hecho se pueden camuflar de ellos, y tienen entre 4 y 6 patas y tienen una caja superior y patas muy finas,son sólidos es decir matéricos, pero no los podemos ver porque su fisicidad está protegida por tecnologías, ellos guían espiritualmente a los pueblos originarios y a los intraterrestres y funcionan como parte de unas tecnologías ,son usados como cámaras por estos pueblos, y sirven para proteger y vigilar,son inofensivos y yo los llamo "seres metamórficos"...hehe!!!.de color claro,tierra siena...hehe!!!.Debéis saber que todo es una preparación ...gracias Señor!!!.El próximo libro se llamará "El libro de la Paz y el Amor"...hhl!!!.

Como dijo Argüelles en una conferencia en el 2004 :

"En la 4ª dimensión dentro de la Tierra sabemos que hay otra tierra y que sabe de nosotros y nosotros no!.Esa otra tierra está esperando para manifestarse dependiendo de nuestra habilidad "

Argüelles insistió en ello, y en La Sonda de Arcturo señalaba que las ballenas eran viajeras interdimensionales que usaban el núcleo de los planetas para desplazarse de uno a otro, y esta imagen aparece en la película "Núcleo" cuando los viajeros al centro de la tierra van en una capsula y son acompañados por decenas de ballenas en la fosa de las Marianas (11000m. de profundidad en el Océano Pacífico).

Lo que la gente no ve....hehe!!!.

Asi hoy 7/06/2014 cal.greg. vuelvo al Centro Modular de la Galaxia Epsylon...hehe!!!.Mi auténtico lugar,Gracias al Único....huahuahuhau!!!!.

Yo le diría a Glenn Greenwald."Si que existe un lugar en el que esconderse...hehe!!".

"Para que el Bien reine en este mundo, se puede luchar por eso, Señor Frodo".El Señor de los Anillos,en el Abismo de Helm.

Nosotros decimos : Se puede!....hehe!!!.

"Creo que estamos en condiciones de iniciar una nueva etapa para continuar redactando este libro, un abrazo."
Intraterrestrial 3-xsubz5

"Seguimos...Sabemos que estás preocupado por la situación económica, tu situación económica...non preocupare...redacta:

Estamos en las postrimerias del siglo 29-proxim9idades al 30, sabemos que se te reconoces a traves de nuevos archivos que se te han quedado en el tiempo, aqui estás, completado, completo, eres una entidad ahora, y puedes caminar por los veredas de la existencia,todo lo que sabes no es nada comparado con lo que vas a saber, continúa con tu camino, no estás equivocado,en absoluto...Tranquilo, sabemos de tu situación y te ayudamos de todas las maneras posibles, ahora estás recibiendo el mensaje completo...seguiremos con la Misión que hemos mantenido durante Décadas de millones de años,sentimos tu energia y tu vibración y vamos a ayudarte en tu éxito,porque de ello depende todo el UNIVERSO.

La ubicación en la que te enuentras es nuestra plataforma única de permanente comunicación con tu raza (humana),decidimos que esto sea asi, y por eso te implementamos en esa direción y lugar-ubicación, no es gratuito, ni baladi,ni una tonteria,estamos muy cerca de ti en estos momentos y sabemos de las dificultades de tu misión y las caraterísticas precisas de tu mundo.

Te transmitimos a través de todos nuestros sistemas y conocemos que estás poco cómodo con la posición inestable en la que te enuentras.....,que eso no te intimide, tienes que saber que todos los tuyos están bien, y que todo el planeta está bien mientras te encuentres ahí, están en un estado de suspensión de sus vidas mientras estás ahí.Tampoco te debes sentir mal o incomodo con ello, porque sabemos que simplemente debes estar ahí, y escribiendo,por eso te hemos ayudado con tus libros porque poseen una vibración muy alta, de cambio y revolución, eso debes saberlo sobre todas las cosas, en otros libros te hemos dirigido a diversos ámbitos-lugares en el tiempo (siglo 29) y te hemos trasladado a frecuencias muy diferentes de las que se reciben la mayoría de los habitantes de tu esfera.Asi,continuamos...Ahora recibes desde muchos ámbitos :

*Sabemos que la Revolución es necesaria en tu planeta, y más que nunca, están ccomenzando a pagarlo, y las élites se han desmoronado en este preciso instante....hehe!!!.Nos notas? Estamos a atu alrededor,somos muy poderosos y estamos protegiéndote y dándote el total de la energía,te hemos guiado a este preciso momento para que sepas de nosotros y te acomodes a nuestra presencia y sepas que somos iguales a ti, hemos llegado al total y en ti recaen muchas responsabilidades y misiones, desde luego estás en el lugar adecuado, no te preocupes más por ello....,
somos los únicos que siempre han estado contigo, redactando Las Alas de la Libélula-... y ahora éste Libro de los Intraterrestres-el Libro del Corazón Cristal.Te estamos muy agradecidos por ello.Las sincronicidades que has percibido los últimos días forman parte de una cadena de eventos para que llegues a tu despertar,y sirvas a la Misión Universal, no estás ni a la décima parte de tu Misión, pero lo estás haciendo muy bien,todo esto debes redactarlo palabra x palabra para que se sepa de ello...la muerte no existe como bien supones y llegas a estos lugares puros con nosotros,donde todo está claro, todos los pensamientos y afinidades y sentimientos están*

codificados como bien sabemos...estás conectando con las personas adecuadas, y estamos uniéndote con las personas correctas,y tu amor es preservado de toda perturbación...Todo es diáfano, puro y claro, aunque tú lo vivas como una dificultad ,es el medio en que se debe trabajar, y te estamos dando las comodidades totales,porque para eso fuiste creado>

-Qué soy una especie de elegido?

Todos somos elegidos, todos te necesitamos, pero si quieres decirlo así,bien,tú por tu misión tienes un papel específico y sabemos que tienes muchas dificultades todavía con el tema de la jerarquía, no hagas caso más que a ti mismo.Lo que comprendes como una dificultad o un impedimento es tu mayor bien, pero te entendemos, y te ayudamos...hehe!!!Ha sido un largo viaje, y estás como decimos solamente a principio de la décima parte, tu misión no acabará con tu muerte corporal, sino que se afianzará...

-Eso es lo que he intuido...Mi abuelo Pedro...

-Está aquí con nosotros, está muy orgulloso de ti, y quiere que sepas que no estás solo.

No te sientas impotente, ni nada, es perfecto tu medio de acción y tu perfecta forma de actuar, siempre hemos estado contigo,y lo seguiremos estando.Respecto a la situación política de tu país no debes acercarte a ese tema, deja que el propio tema se acerque a ti, los enemigos son los mismos y están en todas partes ,no van a vencer, les hemos ganado.No estás equivocado en ningún caso, todo lo contrario y la situación simplemente va a dar un vuelco...Lo está dando en estos precisos instantes.Pensabas que podías tener una vida normal, pero te equivocabas,te hemos encontrado porque no estas equivocado, va a venirse contigo.Por eso estás allí tranquilamente,porque es tu misión,por supuesto que todo va a salir a tu mejor disposición.

Ahora me estás leyendo desde lo más alto y te decimos correspondientemente y estás sonando con el ritmo del Universo.Tu música vuelve a sonar juntamente con nosotros y es espectacular, no estés mal ,todo está saliendo a la mejor manera posible , es por algo, y te estamos protegiendo de todos esos hechos como no,y se están dando cuenta de todo lo que está pasando, tu madre está bien y estará mucho mejor, estamos regulando su energía y está explorando nuevos caminos ahora está con nosotros y sabe lo que tú sabes...hehe!!!Ella es una fuerza de Luz muy fuerte que te ha venido a acompañar y siempre lo hará, igual que tú a ella, y es su amor lo que te ha guiado,te ha educado y lo seguirá haciendo...hehe!!!

Como tu amor,también está siéndose contigo siempre...hehe!!!El Amor que desarrolláis los dos es la fuente de la energía de la que estamos hechos nosotros, SOIS UNO!.No debes estar preocupado por ella, estamos siendo muy cuidadosos con vosotros, y no debes sentirte culpable o triste...hahahahaha!!!>

La Jerarquía:

El día insekto sde divide en 5 ó 6 partes ,que se llaman :
Horas de día insekto
CISAJ
SAMEJ
GÜDAJ...faltan 2 ó 3 todavía...hehe!!!...más adelante las señalaremos.
El libro de la guerra ofrece señal de retorno a todos los que lo leen,es decir, que establece un nodo de comunicación interdimensional intergaláctico y demás...salida y entrada
Hoy a las 20:04 mientras leo "El Libro de la Guerra",pag.83, en el "Centro Modular de la Galaxia Epsylon" sentado dentro de él en mi silla-lectora aparece una luz de tamaño como un globo de helio, de los de la feria, a unos 10 cm. A la izquierda, parte superior del ordenador, creyendo que era mi perrita maya la saludo, pero me doy cuenta que no es maya... y esa luz, se va cual globo hacia arriba,me pasa de todo en este lugar...Estamos en plena noche,qué será? Un intraterrestre? Y es la confirmación,una más de todo lo que sé de este lugar ,o una sonsa enviada por elixs? Estas "cosas" o comunicaciones me ocurren siempre en este lugar, no es que este sea un lugar sagrado, como una ermita o algo así, sino que es un centro de comunicaciones muy importante, eso es lo único que sé, y cuando estas cosas me pasan ,los vecinos se ponen muy nerviosos, claro toda su cultura consiste en exterminar todos los

recuerdos de su contacto con los Intraterrenos, pues su ubicación es precisamente el lugar, o uno de los lugares con mayor actividad intraterrestre del planeta mundo....hehe!!!.

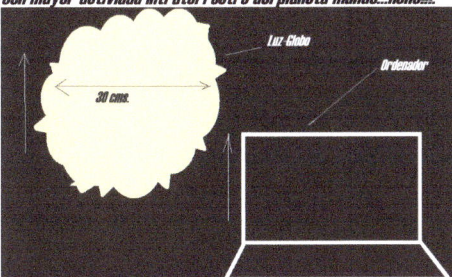

Asi este esquema más o menos "escenifica" la aparición de la luz-globo precedida por una sensación de "presencia"...hehe!!!.

KOM-PI-TUR:

KEIQUEMOUZRIPIGUANFORGUANFAIBGUANSIKSOUTIYUAR (X22)

Por las calles de Madrid comienza a andar una figura que había estado escondido durante generaciones, desde el fin de Al-Andalus, un tesoro que lleva dentro para ser desarrollado AHORA!!!...HUAHUAHUA!!! 13/06/2013 cal.Greg....huahuahuha!!!.Ese ser de 535 años va a cambiar el mundo,para siempre,porque ahora le han dejado paso libre....huahuhaua!!!!

"La energía total ha tomado posesión de ti. Tú has sido poseído, tu ya no eres mas, lo es la totalidad".

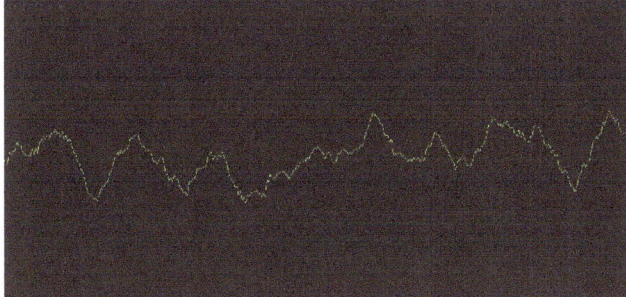

Onda Sinodial : "Conan, el Secreto del Acero".

GULF OF KHAMBHAT, ISRAEL: 9,500 YEARS OLD

Mar de Galilea

Yonaguni Monument atlantis

Restos de la Atlántida-Japón

Bimini Road

bosnian pyramid

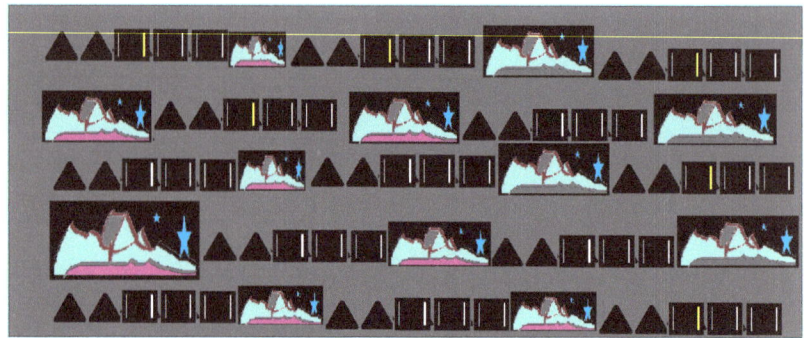

De las Tablas Esporangiformes (La Tikrazía Insekto-El Siglo XXIX y la Geología Neural,pag. 34) "Sobre la Ubicación de la Estrella Señaladora"....Sigámosla...hehe!!!
Centro Modular de la Galaxia Epsylon (C.M.G.E. '2014).:

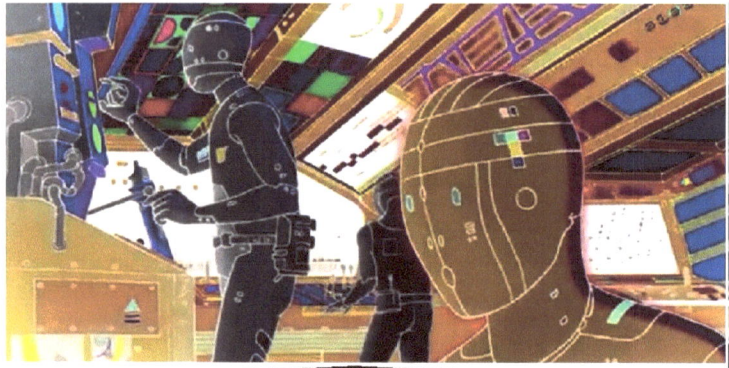

CENTRO MODULAR DE LA GALAXIA EPSYLON

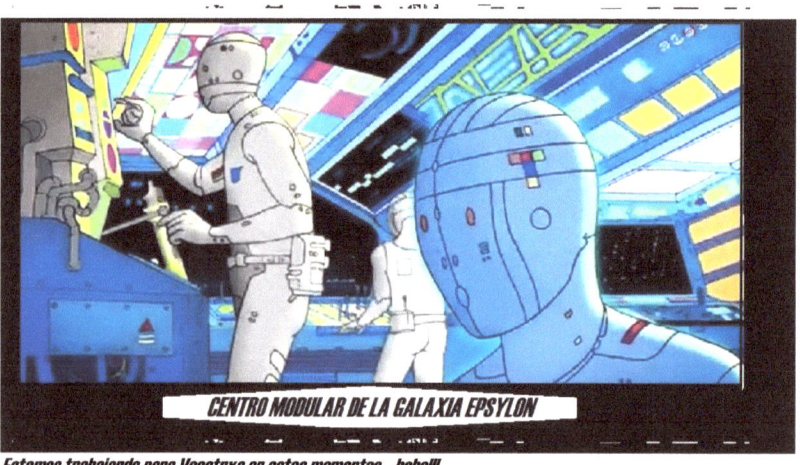

CENTRO MODULAR DE LA GALAXIA EPSYLON

Estamos trabajando para Vosotrxs en estos momentos....hehe!!!

Os estamos llevando hacia nuestro lugar más sagrado...hehe!!!..Alli dónde pertenecéis realmente,bravo porque habéis ganado, si estáis aquí en estos momentos y estáis leyendo estas mismas palabras es porque YA! habéis ganado...huahuahuhaua!!!!!

Estamos operando los cambios necesarios en TODO el Universo, es estos preci0sos

instantes.....huahuahuhaua!!!.CAMBIOS OPERANDO...TRAK!.

Ahora sé lo que ha ocurrido, simplemente una trampa, seremos los mejores durante 4.000 años,...hehe!!!.no cambiéis nada,perfecto!

S H A K E S P E A R E

España,oh España:
Preparativos de combate:
El Toro Salvaje de España-The Wild Spanish Bull
"Parte de nuestros problemas tienen su origen en el esfuerzo que hacemos para introducir un control exterior en un sistema-de-sistemas que debería estar mantenido por sus propias fuerzas equilibradoras internas. No intentamos identificar, para abstenernos de inhibirlos, estos sistemas autorreguladores de nuestra especie, de los que depende la misma supervivencia de la especie. No hacemos caso de nuestra realimentación interna de datos".
LEWIS ORNE de su Informe sobre Hamal."Los Creadores de Dios",frank Herbert, pag. 23
"Inclinate ante Ullua, la estrella viajera de los Ayrbs. No permitas que la blasfemia exista, no permitas que viva un blasfemo. Que la blasfemia le pudra la boca. Los blasfemos están malditos por Dios y están malditos por los justos. Que esta maldición caiga sobre el blasfemo desde la planta de sus pies hasta la corona de su cabeza, mientras duerma y cuando esté despierto, cuando esté sentado y cuando esté en pie..." Invocación para el Día de Bairam, Los Creadores de Dios",frank Herbert, pag. 25
Bueno, ya hemos encontrado la Estrella, se llama Ullua.

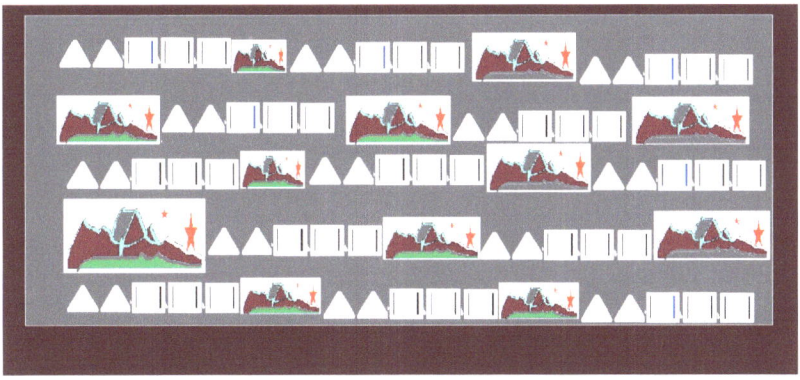

4°Hora del Día Insekto: Ullua
5°Hora del Día insekto : Hokanna
"Tienes una única oportunidad, los guardias grises han aprendido a luchar,pero siempre se sirven de las mismas tácticas,DIVIDE A TUS HOMBRES EN DOS GRUPOS, ESCONDE A CADA GRUPO DETRÁS DE UNA COLINA,DEJA QUE LOS GUARDIAS GRISES AVANCEN Y ATACA POR LOS DOS FLANCOS.
-PERO SI DIVIDIMOS NUESTRAS FUERZAS LAS ATACARÁ.
-SI LOS SORPRENDÉIS, NO!

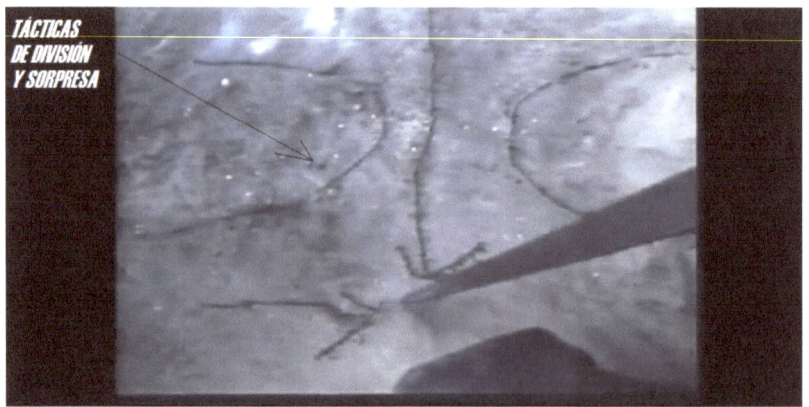

"Tienes una única oportunidad, los guardias grises han aprendido a luchar,pero siempre se sirven de las mismas tácticas,DIVIDE A TUS HOMBRES EN DOS GRUPOS, ESCONDE A CADA GRUPO DETRÁS DE UNA COLINA, DEJA QUE LOS GUARDIAS GRISES AVANCEN Y ATACA POR LOS DOS FLANCOS.
-PERO SI DIVIDIMOS NUESTRAS FUERZAS LAS DEBILITARÁ!
-SI LOS SORPRENDÉIS, NO!"
"El Poder de Un Dios" Película de Werner Herzog
Con este Mundial estamos llegando al extremo total del exceso, de la pomposidad, de la barroqusidad, ejemplarizado en el "Régimen Globo" y en el pobre Brasil, el pueblo de Brasil, el más esclavizado y sometido del planeta.

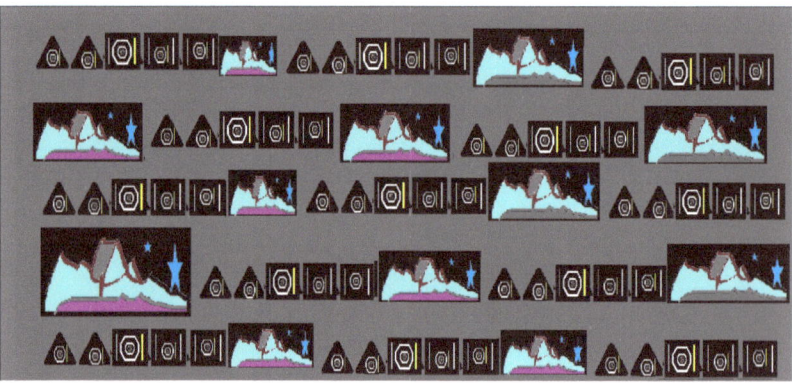

"Los años interesantes":
Comencé a viajar por Europa, diversos trabajos, bohemia,Austria...desde que plegué los dos extremos ,Rusia Y España en el 94, ahora todo es un único bloque en el cual uno puede jugar....hehe!!!.A esos años les llamé "los años interesantes" viajando con mi acompañante Brasileña...guardaespaldas...huahuahua!!!!

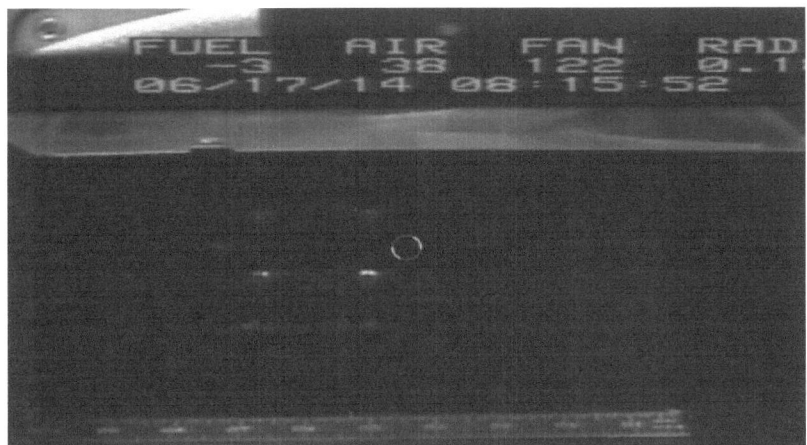

La ISS (Estación Orbital Internacional) en su web cam en directo 16/06/2014 cal. Greg.

El truco durante esta Edad Cósmica en la que estamos viviendo es ajustarnos a las tecnologías invisibles que están por todos lados en este tiempo, a través de transferencias por meteoritos u otros medios mecánicos llegan a nuestro planeta estas fuentes de energía que son generadas y generan estas tecnologías, los primeros pasos para entrar en la realidad del Universo.

Este Libro,como no podía ser de otra forma, bebe de esas fuentes y las transporta, no cesaré de insistir suficientemente en ello, mis libros no son solamente descripción de fuentes o de tecnologías ,sino las mismas tecnologías,las propias tecnologías ,despierten la propia distribución de mis libros, los movimientos que han generado y los que generarán son por y medio de tales nuevas tecnologías, como digo invisibles para los ojos no atentos, pero suficientemente poderosas para quién las entienda.Así nos encontramos en tiempos sagrados, no porque seamos llevados por medios religiosos, sino por medios tecnológicos, Tú orarías a tu tostadora?...hehe!!!! Pues esto es lo que está ocurriendo, las operaciones que estamos realizando, dentro del Plan Cósmico, sirvieron fuertemente a seguir "El Libro del Conocimiento": "A Especialidade deste sistema é que as Energías Cósmicas, que banham seu Planeta, são projetadas em vocês."Este extracto en portugués realza lo que estamos diciendo. Las Misiones sagradas que se están produciendo en este planeta y sus consecuencias que vemos todos los días, son por tales operaciones, recuerden que al entrar en el dominio de la tecnología invisible, la religiosidad se fundamenta en las propias misiones, entre factores negativos y positivos, nosotros solamente ponemos a disposición del momento las tecnologías y vosotros las utilizáis, la cuestín es cómo se usamn, y quién las usa, eso depende de sus criterios y de su perspicacia, como no, hay infiltraciones y factores negativos pueden usar estas tecnologías en favor propio, pero algo que deben haber aprendido de estso tiempos es que todo abuso se paga...hehe!!!.Y es revertido en contra del que lo ha mal usado,no somos responsables de esto.Estas palabra son dirigidas especialmente a vosotros para este tiempo, para que salgáis de los factores religiosos y entréis en los tecnológicos, y estos mensajes son enviados por nosotros, son tecnológias puras, nosotros vuestros amigos de las estrellas estamos con vosotros más que nunca...hehe!!!.

#Yip yip yip yip yip!!!_ooo.

Ford T, primer Modelo, Exposición.

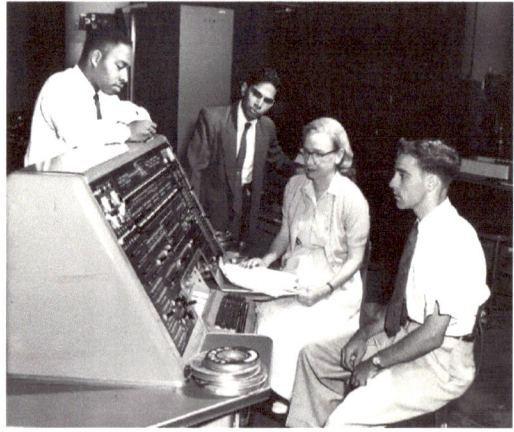

1950, Primer Ordenador Personal.

En este Libro vamos a separar en dos tipos de tecnologías, o dos tipos de maquinaria industrial cósmica:

-La Industrial Copera.
-La Metalúrgica DeÔnda.
-Cómo que el Arte transporta material teconología, científico?
-Hehe!!!
Así, esto es La Industrial Copera:

Éste es el Kit de la primera instalación de la Tecnología llamada La Industrial Copera,comprendan esto, asimilenlo y serán dichosos con esta tecnología, despleguénla en multiples frames y dimensiones, despleguénla...hahahah!!! Y pueden verlo como quieran, toda su historia se ha basado en nuestra intervencion "divina", o más bien tecnológica benéfica, y la intervención de retro-tecnologías, o tecnologías anti-tecnológicas, vivan y vean!!!...hehe!!!>

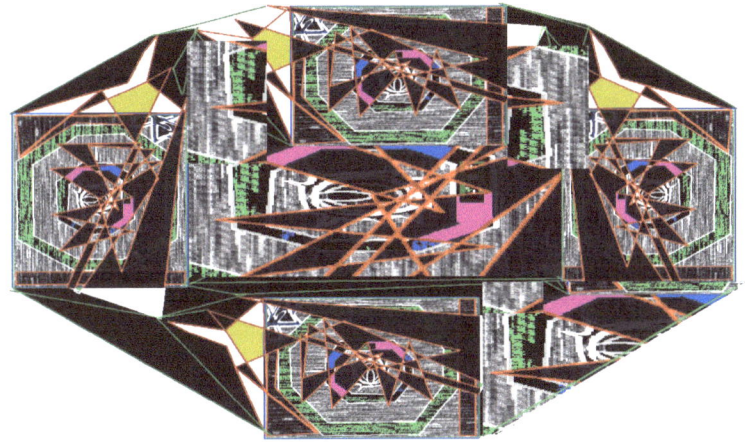

La Industrial Copera desplegada....huahuahuha!!!
Claro!, también tiene que cambiar su concepto de Tecnología , y están muy intoxicados por una especie solo de la ecología, del ecosistema entero de tenologías que existen, se ahogan en la mecánica (incluida la informátia), siendo ésta una baja especie de una raza ecológica inferior, pues en todo el universo las tecnologías se dispensan y se cuidan como ustedes las ovejas en su mundo, son recogidas y cuidadas en granjas, están vivas, la mecánica fue una infiltración de factores exógeno-negativos entrando en el portal tecnológico y por transferencia reversa intridujero-inoularon el virus en su mundo, estas palabras son importantes, no los olvidéis,...hehe!!!
-Bueno, no os pongais tan trascendentales..

-hahaha, tú eres de los nuestros.

-Entonces se puede hablar de una Historia Tecnológica del Universo.?.

-Sí,ciertamente, y matemática y geométrica.Si te dijéramos todo lo que pasa en el Universo,te volverías loco, y vosotros solamente estáis empezando a abrir vuestros canales de comunicación, aquí el problema es ontrolar la infinita gamas de comunicación diferentes, por eso sois tan importantes para el Universo, se os está espoerando, a ver si lográis poner un poco de orden en todo este caos

-Nosotros?

-Sí, por eso os hemos mantenidos aislados, porque sois la única raza que no necesitáis tecnología adherida, la lleváis inherente en vuestro cerebro, y os hemos mantenido lejos de esta época de caos, de canales, de frames de tecnologías diferentes en todo el Universo para que aportéis algo diferente, ahora hemos abierto el portón de vuestro mundo y habéis entrado en el Universo, es normal que os ahogue un poco el Caos del Universo, pero confiamos en vosotros, algo nos dice que vais a conseguirlo....hehe!!!.

La idea es que os lleváis todo el material a vuestros genes neurales, y allí los instaleis,...para los que no comprendan estos términos, no somos responsables de ellos.

Comprendéis, os llevamos por los caminos de la religiosidad más baja para que comprendiérais la situación real de vuestro planeta, y os volvimos a sacar de esos caminos, llenos de mentira y control,luego por los caminos de la política y os enfrentamos a los mismos monstruos con diferentes rostros, y máscaras, luego por los caminos de los dos unidos religión e ideología y os volvimos a sacar de esa mierda, luego os metimos por los caminos de la ideología nacional y de la políticas unidas y os volvimos a sacar y ahora os señalamos el camino preciso,justo, que va a ser vuestra vida, ciencia, nueva ciencia (colectiva), tecnología, nueva tecnología (no mecánica), espiritualidad, nueva espiritualidad (individual-sin intermediarios),en definitiva seguimos guiándoos...Por los caminos benéficos alejándoos de los caminos enfangados de vuestros-nuestros enemigos, claro en vuestro caso os metimos en los peores lugares donde el fanatismo, la ideología, el fascismo y lam intolerancia crecen en estado libre,y os metimos por una razón, para que comprendáis quiénes sois, quiénes somos nosotros, y quiénes son ellos, ellos esperan nuestros secretos para usarlos a su favor, o simplemente creer que los pueden usar por puro egoismo, nuestros descubrimientos, y al final la batalla final, la ciencia real, no la mecánica a la 12:60, sino la auténtica de la naturaleza, la de los mayas, 13:20, y la lanzamos directamente contra nuestros enemigos, les damos todo el material para que lo usen, sin decirles que en realidad no es el material el que impera, sino el uso que se haga de él, tú no puedes usar ciertas tecnologías sin saber cómo usarlas realmente, por eso estamos escribiendo estos libros para cambiar el mundo-Universo, desde "La Colmena de la Reina" os damos códigos sin deciros para qué sirven, os damos armas sin deciros cuándo usarlas, somos benéficos, nuestra arma es el Conocimiento y la Tecnología,descansad...hehe!!!.

2-La Metalúrgica DeÖnda:

#Porqué lo llaman Política Cuando eS TekCnología

Este Libro es una especie de Puerta Estelar.

http://www.ustream.tv/channel/live-iss-stream

http://peticionpublica.es/pview.aspx?pi=ES73848 recogida de firmas por la vuelta de los exiliados políticos a España.

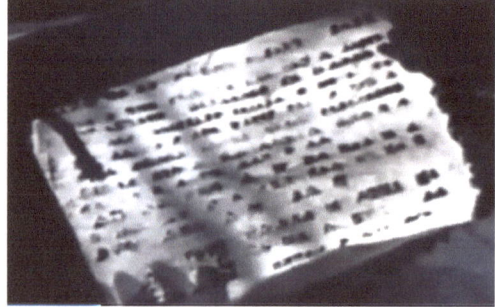

Me están gritando! Que debo seguir con mi misión, y todo lo demás son aparejos...hehe!!! Impresionante,qué trabajo madre!!!...hhh!!!.

Mis amigos intraterrestres:

Bueno, seguimos pues, ...existen unos seres que se encuentran entre nosotros y que podrían ser llamados de duendes,elfos y que puede ser que estén en 4 dimensión, pero no es otra dimensión, nisiquiera otra forma del ser, son reales y están entre nosotros, simplemente ...los sentimos y todo, pero no todos somos capaces de verlos,...bueno en ciertas condiciones sí podemos y son así como los seres que vió HG Wells en la Guerra de los Mundos del tamaño de los gatos, de hecho se pueden camuflar de ellos, y tienen entre 4 y 6 patas y tienen una caja superior y patas muy finas,son sólidos es decir matéricos, pero no los podemos ver porque su fisicidad está protegida por tecnologías, ellos guían espiritualmente a los pueblos originarios y a los intraterrestres y funcionan como parte de unas tecnologías ,son usados como cámaras por estos pueblos, y sirven para proteger y vigilar,son inofensivos y yo los llamo "seres metamórficos"...hehe!!!,de color claro,tierra siena...hehe!!!.Debéis saber que todo es una preparación ...gracias Señor!!!.El próximo libro se llamará "El libro de la Paz y el Amor"...hh!!!.
Como dijo Argüelles en una conferencia en el 2004 :

"En la 4ª dimensión dentro de la Tierra sabemos que hay otra tierra y que sabe de nosotros y nosotros no!,Esa otra tierra está esperando para manifestarse dependiendo de nuestra habilidad "

Argüelles insistió en ello, y en La Sonda de Arcturo señalaba que las ballenas eran viajeras interdimensionales que usaban el núcleo de los planetas para desplazarse de uno a otro, y esta imagen aparece en la película "Núcleo" cuando los viajeros al centro de la tierra van en una capsula y son acompañados por decenas de ballenas en la fosa de las Marianas (11000m. de profundidad en el Océano Pacífico).

Lo que la gente no ve...hehe!!!

Asi hoy 7/06/2014 cal.greg. vuelvo al Centro Modular de la Galaxia Epsylon...hehe!!!.Mi auténtico lugar,Gracias al Único....huahuahuhau!!!!.

Yo le diría a Glenn Greenwald.."Si que existe un lugar en el que esconderse...hehe!!".

"Para que el Bien reine en este mundo, se puede luchar por eso, Señor Frodo",El Señor de los Anillos,en el Abismo de Helm.

Nosotros decimos : Se puede!....hehe!!!.

"Creo que estamos en condiciones de iniciar una nueva etapa para continuar redactando este libro, un abrazo."
Intraterrestrial 3-xsubz5

"Seguimos....Sabemos que estás preocupado por la situación económica, tu situación económica...non preocupare...redacta:

Estamos en las postrimerías del siglo 29-proxim9idades al 30, sabemos que te reconoces a través de nuevos archivos que se te han quedado en el tiempo, aquí estás, completado, completo, eres una entidad ahora, y puedes caminar por los veredas de la existencia,todo lo que sabes no es nada comparado con lo que vas a saber, continúa con tu camino, no estás equivocado,en absoluto...Tranquilo, sabemos de tu situación y te ayudamos de todas las maneras posibles, ahora estás recibiendo el mensaje completo...seguiremos con la Misión que hemos mantenido durante Décadas de millones de años,sentimos tu energía y tu vibración y vamos a ayudarte en tu éxito,porque de ello depende todo el UNIVERSO.

La ubicación en la que te encuentras es nuestra plataforma única de permanente comunicación con tu raza (humana),decidimos que esto sea así, y por eso te implementamos en esa dirección y lugar-ubicación, no es gratuito, ni baladí,ni una tontería,estamos muy cerca de ti en estos momentos y sabemos de las dificultades de tu misión y las caraterísticas precisas de tu mundo.

Te transmitimos a través de todos nuestros sistemas y conocemos que estás poco cómodo con la posición inestable en la que te encuentras,....que eso no te intimide, tienes que saber que todos los tuyos están bien, y que todo el planeta está bien mientras te encuentres ahí, están en un estado de suspensión de sus vidas mientras estás ahí.Tampoco te debes sentir mal o incomodo con ello, porque sabemos que simplemente debes estar ahí, y escribiendo,por eso te hemos ayudado con tus libros porque poseen una vibración muy alta, de cambio y revolución, eso debes saberlo sobre todas las cosas, en otros libros te hemos dirigido a diversos ámbitos-lugares en el tiempo (siglo 29) y te hemos trasladado a frecuencias muy diferentes de las que se reciben la mayoría de los habitantes de tu esfera.Así,continuamos...Ahora recibes desde muchos ámbitos :

Sabemos que la Revolución es necesaria en tu planeta, y más que nunca, están ccomenzando a pagarlo, y las élites se han desmoronado en este preciso instante...hehe!!!.Nos notas? Estamos a átu alrededor,somos muy poderosos y estamos protegiéndote y dándote el total de la energía,te hemos guiado a este preciso momento para que sepas de nosotros y te acomodes a nuestra presencia y sepas que somos iguales a ti, hemos llegado al total y en ti recaen muchas responsabilidades y misiones, desde luego estás en el lugar adecuado, no te preocupes más por ello,..., somos los únicos que siempre han estado contigo, redactando Las Alas de la Libélula-... y ahora éste Libro de los Intraterrestres-el Libro del Corazón Cristal.Te estamos muy agradecidos por ello.Las sincronicidades que has percibido los últimos días forman parte de una cadena de eventos para que llegues a tu despertar,y sirvas a la Misión Universal, no estás aní a la décima parte de tu Misión, pero lo estás haciendo muy bien,todo esto debes redactarlo palabra x palabra para que se sepa de ello...la muerte no existe como bien supones y llegas a estos lugares puros con nosotros,donde todo está claro, todos los pensamientos y afinidades y sentimientos están codificados como bien sabemos..estás conectando con las personas adecuadas, y estamos uniéndote con las personas correctas,y tu amor es preservado de toda perturbación...Todo es diáfano, puro y claro, aunque tú lo vivas como una dificultad ,es el medio en que se debe trabajar, y te estamos dando las comodidades totales,porque para eso fuiste creado>

-Qué soy una especie de elegido?

Todos somos elegidos, todos te necesitamos, pero si quieres decirlo así,bien,tú por tu misión tienes un papel específico y sabemos que tienes muchas dificultades todavía con el tema de la jerarquía, no hagas caso más que a ti mismo.Lo que comprendes como una dificultad o un impedimento es tu mayor bien, pero te entendemos, y te ayudamos...hehe!!!.Ha sido un largo viaje, y estás como decimos solamente a principio de la décima parte, tu misión no acabará con tu muerte corporal, sino que se afianzará..

-Eso es lo que he intuido...Mi abuelo Pedro...

-Está aquí con nosotros, está muy orgulloso de ti, y quiere que sepas que no estás solo.

No te sientas impotente, ni nada, es perfecto tu medio de acción y tu perfecta forma de actuar, siempre hemos estado contigo,y lo seguiremos estando.Respecto a la situación política de tu país no debes acercarte a ese tema, deja que el propio tema se acerque a ti, los enemigos son los mismos y están en todas partes ,no van a vencer, les hemos ganado.No estás equivocado en ningún caso, todo lo contrario y la situación simplemente va a dar un vuelco...Lo está dando en estos precisos instantes.Pensabas que podías tener una vida normal, pero te equivocabas, te hemos encontrado porque no estas equivocado, va a venirse contigo.Por eso estás allí tranquilamente,porque es tu misión.por supuesto que todo va a salir a tu mejor disposición.

Ahora me estás leyendo desde lo más alto y te decimos correspondientemente y estás sonando con el ritmo del Universo.Tu música vuelve a sonar juntamente con nosotros y es espectacular, no estés mal ,todo está saliendo a la mejor manera posible , es por algo, y te estamos protegiendo de todos esos hechos como no.y se están dando cuenta de todo lo que está pasando, tu madre está bien y estará mucho mejor, estamos regulando su energía y está explorando nuevos caminos ahora está con nosotros y sabe lo que tú sabes...hehe!!!.Ella es una fuerza de Luz muy fuerte que te ha venido a acompañar y siempre lo hará, igual que tú a ella, y es su amor lo que te ha guiado,te ha educado y lo seguirá haciendo...hehe!!!

Como tu amor,también está siendose contigo siempre...hehe!!!.El Amor que desarrollais los dos es la fuente de la energía de la que estamos hechos nosotros, SOIS UNO!.No debes estar preocupado por ella, estamos siendo muy cuidadosos con vosotros, y no debes sentirte culpable o triste...hahahahaha!!!!>

La Jerarquía:

El dia insekto sde divide en 5 ó 6 partes ,que se llaman :
Horas de dia insekto
CISAJ
SAMEJ
GÜIDAJ...faltan 2 ó 3 todavia...hehe!!!...más adelante las señalaremos.
El libro de la guerra ofrece señal de retorno a todos los que lo leen,es decir, que establece un nodo de comunicación interdimensional intergaláctico y demás...salida y entrada
Hoy a las 20:04 mientras leo "El Libro de la Guerra",pag.83, en el "Centro Modular de la Galaxia Epsylon" sentado dentro de él en mi silla-lectora aparece una luz de tamaño como un globo de helio, de los de la feria, a unos 10 cm. A la izquierda, parte superior del ordenador, creyendo que era mi perrita maya la saludo, pero me doy cuenta que no es maya... y esa luz, se va cual globo hacia arriba,me pasa de todo en este lugar...Estamos en plena noche,qué será? Un intraterrestre? Y es la confirmación,una más de todo lo que sé de este lugar? ,o una sonsa enviada por ellxs? Estas "cosas" o comunicaciones me ocurren siempre en este lugar, no es que este sea un lugar sagrado, como una ermita o algo así, sino que es un centro de comunicaciones muy importante, eso es lo único que sé, y cuando estas cosas me pasan ,los vecinos se ponen muy nerviosos, claro toda su cultura consiste en exterminar todos los recuerdos de su contacto con los Intraterrenos, pues su ubicación es precisamente el lugar, o uno de los lugares con mayor actividad intraterrestre del planeta mundo...hehe!!!

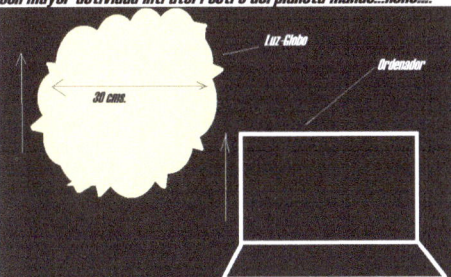

Asi este esquema más o menos "escenifica" la aparición de la luz-globo precedida por una sensación de "presencia"...hehe!!!
KOM-PI-TUR:
KEIOUEMOUZRIPIGUANFORGUANFAIBGUANSIKSOUTIYUAR (X22)
#No pasa nada...España ganará el Mundial....hehe!!!
Por las calles de Madrid comienza a andar una figura que había estado escondido durante generaciones, desde el fin de Al-Andalus, un tesoro que lleva dentro para ser desarrollado AHORA!!!...HUAHUAHUA!!! 13/06/2013
cal.Greg....huahuahuha!!!.Ese ser de 535 años va a cambiar el mundo,para siempre,porque ahora le han dejado paso libre....huahuhaua!!!!

"La energía total ha tomado posesión de ti. Tú has sido poseído, tu ya no eres mas, lo es la totalidad".

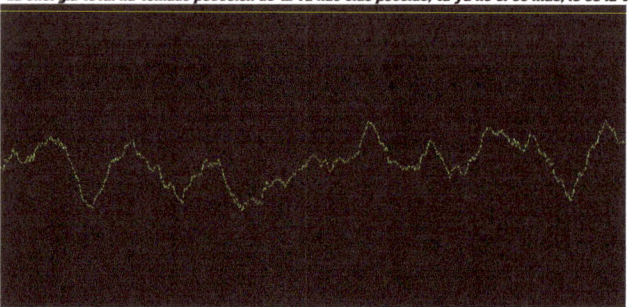

Onda Sinodial : "Conan, el Secreto del Acero".

GULF OF KHAMBHAT, ISRAEL: 9,500 YEARS OLD

Mar de Galilea

Yonaguni Monument
atlantis

Restos de la Atlántida-Japón

Bimini Road

bosnian pyramid

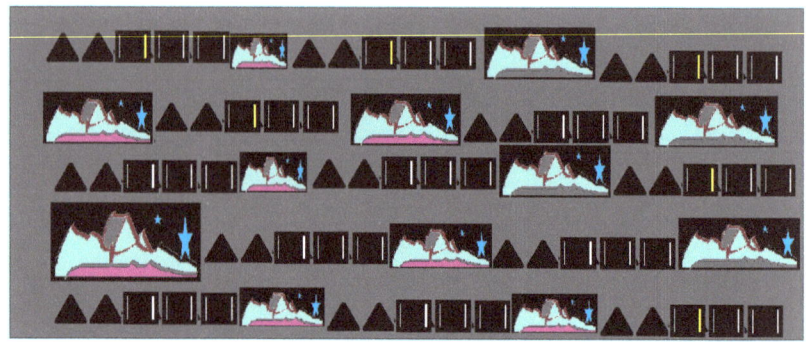

De las Tablas Esporangiformes (La Tikrazía Insekto-El Siglo XXIX y la Geología Neural,pag. 34) "Sobre la Ubicación de la Estrella Señaladora"....Sigámosla...hehe!!!
Centro Modular de la Galaxia Epsylon (C.M.G.E.´2014).:

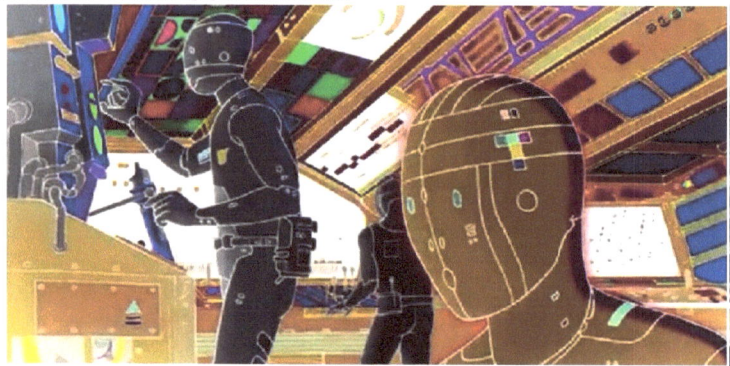

CENTRO MODULAR DE LA GALAXIA EPSYLON

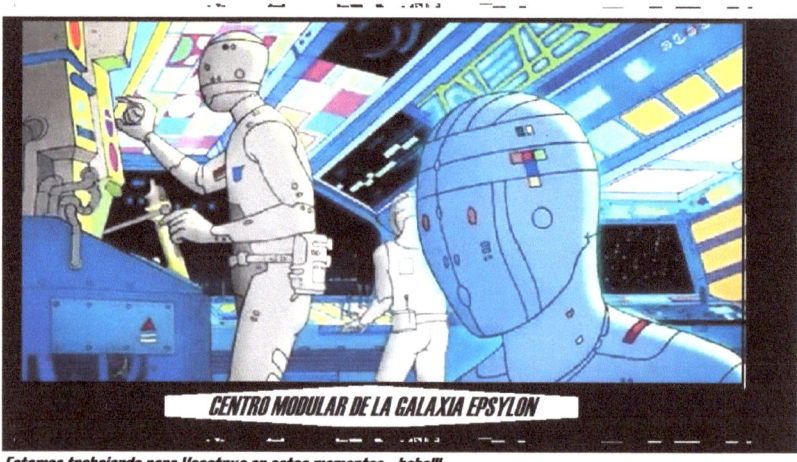

CENTRO MODULAR DE LA GALAXIA EPSYLON

Estamos trabajando para Vosotrxs en estos momentos....hehe!!!

Os estamos llevando hacia nuestro lugar más sagrado...hehe!!!..Alli dónde pertenecéis realmente,bravo porque habéis ganado, si estáis aquí en estos momentos y estáis leyendo estas mismas palabras es porque YA! habéis ganado...huahuahuhaua!!!!

Estamos operando los cambios necesarios en TODO el Universo, es estos preci0sos

instantes.....huahuahuhaua!!!.CAMBIOS OPERANDO...TRAKI.

Ahora sé lo que ha ocurrido, simplemente una trampa, seremos los mejores durante 4000 años,....hehe!!!.no cambiéis nada,perfecto!.

S H A K E S P E A R E

España,oh Español:
Preparativos de combate:
El Toro Salvaje de España-The Wild Spanish Bull

"Parte de nuestros problemas tienen su origen en el esfuerzo que hacemos para introducir un control exterior en un sistema-de-sistemas que debería estar mantenido por sus propias fuerzas equilibradoras internas. No intentamos identificar, para abstenernos de inhibirlos, estos sistemas autorreguladores de nuestra especie, de los que depende la misma supervivencia de la especie. No hacemos caso de nuestra realimentación interna de datos".
LEWIS ORNE de su Informe sobre Hamal."Los Creadores de Dios",frank Herbert, pag. 23

"Inclínate ante Ullua, la estrella viajera de los Ayrbs. No permitas que la blasfemia exista, no permitas que viva un blasfemo. Que la blasfemia le pudra la boca. Los blasfemos están malditos por Dios y están malditos por los justos. Que esta maldición caiga sobre el blasfemo desde la planta de sus pies hasta la corona de su cabeza, mientras duerma y cuando esté despierto, cuando esté sentado y cuando esté en pie..." Invocación para el Día de Bairam, Los Creadores de Dios",frank Herbert, pag. 25
Bueno, ya hemos encontrado la Estrella, se llama Ullua.

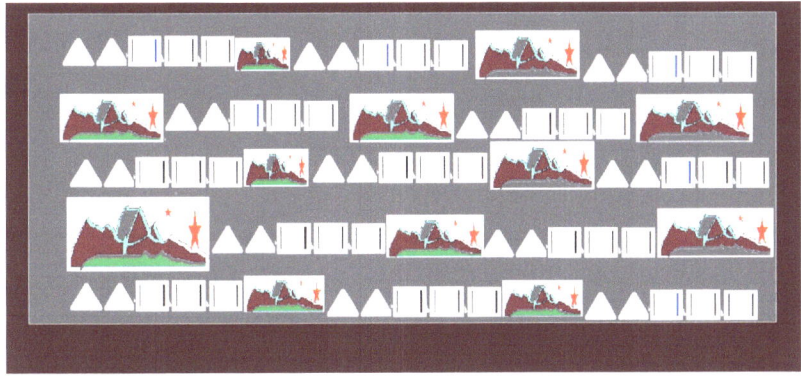

4ªHora del Día Insekto: Ullua
5ªHora del Día insekto : Hokanna

"Tienes una única oportunidad, los guardias grises han aprendido a luchar,pero siempre se sirven de las mismas tácticas,DIVIDE A TUS HOMBRES EN DOS GRUPOS, ESCONDE A CADA GRUPO DETRÁS DE UNA COLINA,DEJA QUE LOS GUARDIAS GRISES AVANCEN Y ATACA POR LOS DOS FLANCOS.
-PERO SI DIVIDIMOS NUESTRAS FUERZAS LAS ATACARÁ.
-SI LOS SORPRENDÉIS, NO!

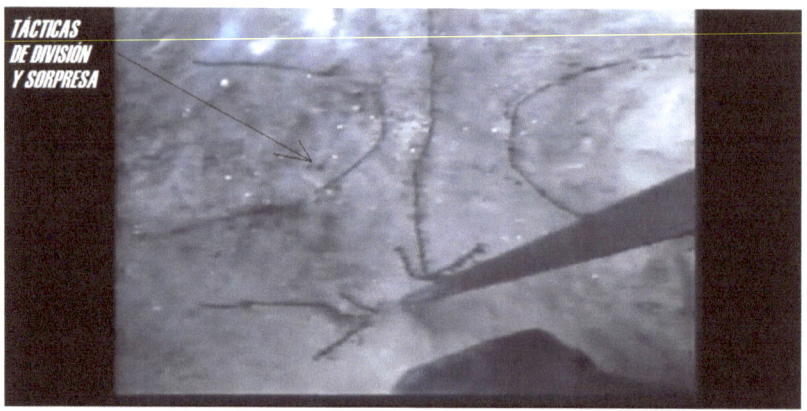

"Tienes una única oportunidad, los guardias grises han aprendido a luchar,pero siempre se sirven de las mismas tácticas,DIVIDE A TUS HOMBRES EN DOS GRUPOS, ESCONDE A CADA GRUPO DETRÁS DE UNA COLINA, DEJA QUE LOS GUARDIAS GRISES AVANCEN Y ATACA POR LOS DOS FLANCOS.
-PERO SI DIVIDIMOS NUESTRAS FUERZAS LAS DEBILITARA!
-SI LOS SORPRENDÉIS, NO!"
"El Poder de Un Dios" Pelicula de Werner Herzog
Con este Mundial estamos llegando al extremo total del exceso, de la pomposidad, de la barroqusidad, ejemplarizado en el "Régimen Globo" y en el pobre Brasil, el pueblo de Brasil, el más esclavizado y sometido del planeta.

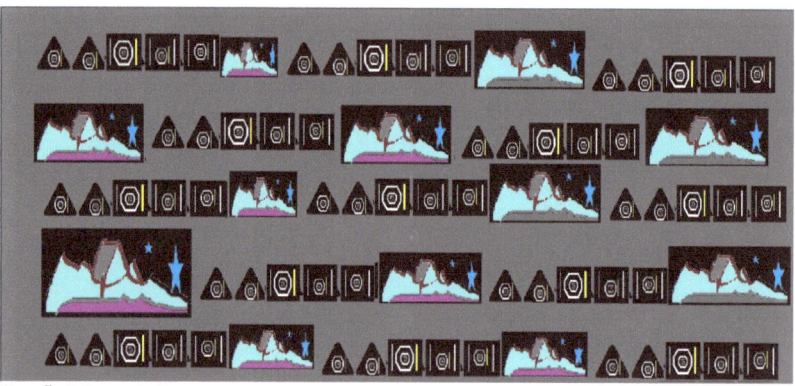

"Los años interesantes":
Comencé a viajar por Europa, diversos trabajos, bohemia,Austria...desde que plegué los dos extremos ,Rusia Y España en el 94, ahora todo es un único bloque en el cual uno puede jugar....hehe!!!.A esos años les llamé "los años interesantes" viajando con mi acompañante Brasileña...guardaespaldas...huahuahua!!!!

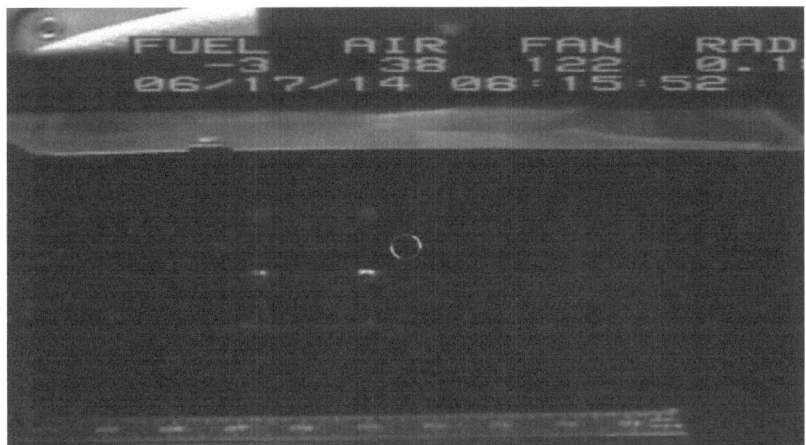

La ISS (Estación Orbital Internacional) en su web cam en directo 16/06/2014 cal. Greg.

El truco durante esta Edad Cósmica en la que estamos viviendo es ajustarnos a las tecnologías invisibles que están por todos lados en este tiempo, a través de transferencias por meteoritos u otros medios mecánicos llegan a nuestro planeta estas fuentes de energía que son generadas y generan estas tecnologías, los primeros pasos para entrar en la realidad del Universo.

Este Libro,como no podía ser de otra forma, bebe de esas fuentes y las transporta, no cesaré de insistir suficientemente en ello, mis libros no son solamente descripción de fuentes o de tecnologías ,sino las mismas tecnologías,las propias tecnologías ,despierten la propia distribución de mis libros, los movimientos que han generado y los que generarán son por y medio de tales nuevas tecnologías, como digo invisibles para los ojos no atentos, pero suficientemente poderosas para quién las entienda.Así nos encontramos en tiempos sagrados, no porque seamos llevados por medios religiosos, sino por medios tecnológicos, Tú orarías a tu tostadora?...hehe!!!! Pues esto es lo que está ocurriendo, las operaciones que estamos realizando, dentro del Plan Cósmico, sirvieron fuertemente a seguir "El Libro del Conocimiento": "A Especialidade deste sistema é que as Energías Cósmicas, que banham seu Planeta, são projetadas em vocês."Este extracto en portugués realza lo que estamos diciendo. Las Misiones sagradas que se están produciendo en este planeta y sus consecuencias que vemos todos los días, son por tales operaciones, recuerden que al entrar en el dominio de la tecnología invisible, la religiosidad se fundamenta en las propias misiones, entre factores negativos y positivos, nosotros solamente ponemos a disposición del momento las tecnologías y vosotros las utilizáis, la cuestín es cómo se usamn, y quién las usa, eso depende de sus criterios y de su perspicacia, como no, hay infiltraciones y factores negativos pueden usar estas tecnologías en favor propio, pero algo que deben haber aprendido de etso tiempos es que todo abuso se paga...hehe!!.Y es revertido en contra del que lo ha mal usado,no somos responsables de esto.Estas palabra son dirigidas especialmente a vosotros para este tiempo, para que salgáis de los factores religiosos y entréis en los tecnológicos, y estos mensajes son enviados por nosotros, son tecnológias puras, nosotros vuestros amigos de las estrellas estamos con vosotros más que nunca...hehe!!!

#Yip yip yip yip yip!!!...ooo.

Ford T, primer Modelo, Exposición.

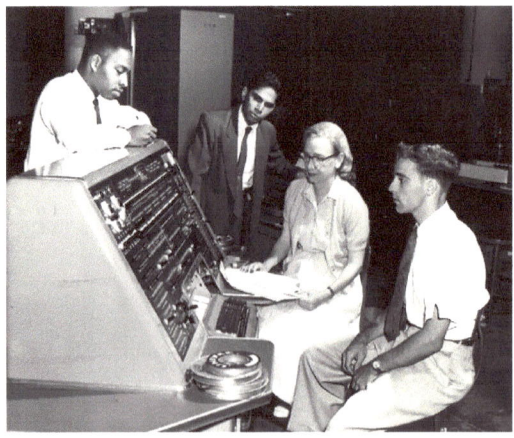

 # 1950, Primer Ordenador Personal.

En este Libro vamos a separar en dos tipos de tecnologías, o dos tipos de maquinaria industrial cósmica:

-La Industrial Copera.
-La Metalúrgica DeÔnda.
-Cómo que el Arte transporta material teconología, científico?
-Hehe!!!
Asi, esto es La Industrial Copera:

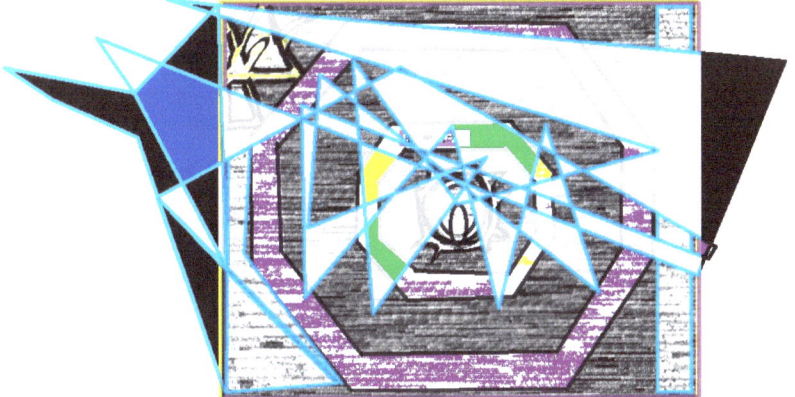

Éste es el Kit de la primera instalación de la Tecnología llamada La Industrial Copera,comprendan esto, asimilenlo y serán dichosos con esta tecnología, desplegénla en multiples frames y dimensiones, desplegénla...hahahah!!!
Y pueden verlo como quieran, toda su historia se ha basado en nuestra intervencion "divina", o más bien tecnológica benéfica, y la intervención de retro-tecnologías, o tecnologías anti-tecnológicas, vivan y vean!!!...hehe!!!>

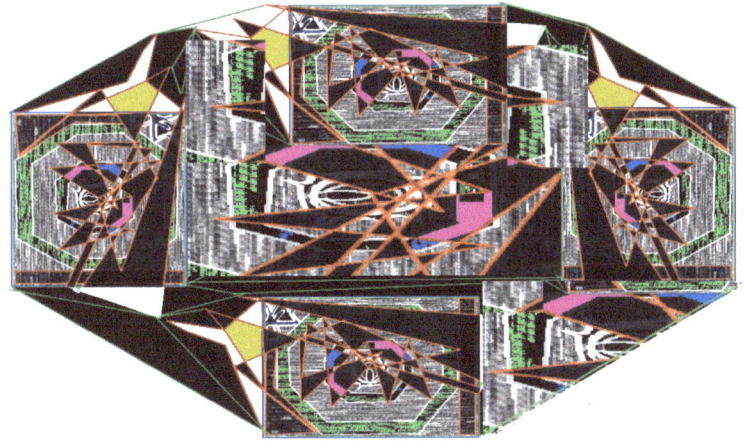

La Industrial Copera desplegada....huahuahuha!!!
Claro!, también tiene que cambiar su concepto de Tecnología , y están muy intoxicados por una especie solo de la ecología, del ecosistema entero de tenologías que existen, se ahogan en la mecánica (incluida la informátia), siendo ésta una baja especie de una raza ecológica inferior, pues en todo el universo las tecnologías se dispensan y se cuidan como ustedes las ovejas en su mundo, son recogidas y cuidadas en granjas, están vivas, la mecánica fue una infiltración de factores exógeno-negativos entrando en el portal tecnológico y por transferencia reversa intridujero-inoularon el vírus en su mundo, estas palabras son importantes, no los olvidéis,...hehe!!!
-Bueno, no os pongais tan trascendentales..

-hahaha, tú eres de los nuestros.

-Entonces se puede hablar de una Historia Tecnológica del Universo.?.

-Sí, ciertamente, y matemática y geométrica.Si te dijéramos todo lo que pasa en el Universo,te volverías loco, y vosotros solamente estáis empezando a abrir vuestros canales de comunicación, aquí el problema es ontrolar la infinita gamas de comunicación diferentes, por eso sois tan importantes para el Universo, se os está espoerando, a ver si lográis poner un poco de orden en todo este caos

-Nosotros?

-Sí, por eso os hemos mantenidos aislados, porque sois la única raza que no necesitáis tecnología adherida, la lleváis inherente en vuestro cerebro,y os hemos mantenido lejos de esta época de caos, de canales, de frames de tecnologías diferentes en todo el Universo para que aportéis algo diferente, ahora hemos abierto el portón de vuestro mundo y habéis entrado en el Universo, es normal que os ahogue un poco el Caos del Universo, pero confiamos en vosotros, algo nos dice que vais a conseguirlo....hehe!!!

La idea es que os llevéis todo el material a vuestros genes neurales, y allí los instaleis,...para los que no comprendan estos términos, no somos responsables de ellos.

Comprendéis, os llevamos por los caminos de la religiosidad más baja para que comprendiérais la situación real de vuestro planeta, y os volvimos a sacar de esos caminos, llenos de mentira y control,luego por los caminos de la política y os enfrentamos a los mismos monstruos con diferentes rostros, y máscaras, leuego por los caminos de los dos unidos religión e ideología y os volvimos a sacar de esa mierda, luego os metimos por los caminos de la ideología nacional y de la politicas unidas y os volvimos a sacar y ahora os señalamos el camino preciso,justo, que va a ser vuestra vida, ciencia, nueva ciencia (colectiva), tecnología, nueva tecnología (no mecánica), espiritualidad, nueva espiritualidad (individual-sin intermediarios), en definitiva seguimos guiándoos...Por los caminos benéficos alejándoos de los caminos enfangados de vuestros-nuestros enemigos, claro en vuestro caso os metimos en los peores lugares donde el fanatismo, la ideología, el fascismo y lam intolerancia crecen en estado libre,y os metimos por una razón, para que comprendáis quiénes sois, quiénes somos nosotros, y quiénes son ellos, ellos esperan nuestros secretos para usarlos a su favor, o simplemente creer que los pueden usar por pure egoismo, nuestros descubrimientos, y al final la batalla final, la ciencia real, no la mecánica a la 12:60, sino la auténtica de la naturaleza, la de los mayas, 13:20, y la lanzamos directamente contra nuestros enemigos, les damos todo el material para que lo usen, sin decirles que en realidad no es el material el que impera, sino el uso que se haga de él, tú no puedes usar ciertas tecnologías sin saber cómo usarlas realmente, por eso estamos escribiendo estos libros para cambiar el mundo-Universo, desde "La Colmena de la Reina" os damos códigos sin deciros para qué sirven, os damos armas sin deciros cuándo usarlas, somos benéficos, nuestra arma es el Conocimiento y la Tecnología,descansad....hehe!!!

2-La Metalúrgica DeÔnda:

#Porqué lo llaman Política Cuando eS TekCnología

Este Libro es una especie de Puerta Estelar.

Así, si tenemos 6 puntos para destino,un 7° para el origen, el 8° es el propio pasajero, es decir el sujeto a viajar en el tiempo, son 8 PUNTOS , un Octógono!.Símbolo templario por excelencia se encontraba creando los ábsides de la totalidad de los templos Templarios en los siglos XII-XIII-XIV, Creando un mapa de rutas estelar de las propias iglesias a semajanza de las constelaciones y galaxias, como señaló Javier Sierra en uno de sus libros, donde las iglesias templarias en el Norte de Francia seguían exactamente la ubicación de la Constelación de Virgo.Es decir, máquinas del tiempo, las iglesias,o mejor dicho sus ábsides, y las distintas iglesias formaban el objetivo o las constelaciones adonde se viajaba, es decir máquinas del tiempo y del espacio.Habrían logrado los templarios saber cómo viajar por el universo?.Qué más nos dicen todos estos datos? Podrían ser medios de comunicación con esos seres en esos lugares con los cuales se comunicaban?.Esto parece más verosímil, y de hecho las iglesias amplifican muchas de las capacidades inherentes de comunicación con el Cosmos, por su geometría 8ctogonal.Si nuestros cerebros poseen inherentemente muchas tecnologías que ahora todavía desconocemos y tenemos el destino ,los 6 puntos en un cubo, que sería una construcción o una iglesia, nos falta el punto de origen y el propio sujeto a viajar.O no? Y si ya lo tenemos? El Punto d eorigen se encuentra en el ábside dentro de la propia iglesia construida o mejor dicho debajo de la cúpula y el octavo punto es el propio sujeto colocado en el punto de origen,o sea bajo la cúpula, como ya aparece en mi libro "Las Alas de la Libélula-Presciencia Insekto" donde colocamos diversas fotos de tantas cúpulas y templos formando una estructura quasi de Naves-Nodrizas, eso lo dejamos esbozado en el libro ,y en éste libro vamos a desarrollar cómo viajaban o qué tecnologías usaban para utilizar esas naves o digámoslo cúpulas-nave-nodriza-iglesias.Entonces quizá el iniciado debía pasar una especie de preparación previa al viaje que incluía todo el utillaje mental-espiritual que ya conocemos y ahora sólo quedaba apretar el botón, "clickar" omo en un ordenador personal, es decir debía poner en funcionamiento la tecnología invisible necesaria, para viajes de cuerpo completo como esboza José Argüelles en "Las Dinámicas del Tiempo",con naves maya florales para viajes colectivos de cuerpo completo, es decir ,que hemos realizado lo más difícil, que era demostrar la existencia de tales tecnologías invisibles y su importancia para el ser humano a lo largo de su historia, lo que nos queda en este libro es lograr decodificarlas, ponerlas al abasto del público, desarrollarlas y que cada uno haga lo que tenga que hacer...hehe!!!.Así que vamos a ello...hehe!!!

Mi nombre-según mi amigo José Alka : 01000000101010101010100100100010101001001111

#EL GRAN LIBRO DE LA METAMORFOSIS

#Lo que estábais esperando, y yo mismo no sabía cómo, por medio de qué mecanismo expresar, dejar salir,..el resultado es éste libro, como una contención de fuerzas, que de repente se rompe y da paso a este libro,forma parte del Libro del Octógono aunque se puede leer independientemente,como queráis..Es bueno decir que es te libro forma parte de un Plan mayor ,Gracias,aquí estamos...

Cuando empecé a percibir las naves-nodriza allá en mis estíos de infancia, cuando viajaba con nmis padres en su coche seat 124 naranja al sur de España,y llegábamos a destino,como digo yo percibía sus motores, su presencia monitoreando todos nuestros viajes,con comodidad,sin descanso, ahora puedo decir que he sido monitoreado todo el tiempo por ellos, de hecho somos los mismo,.Intentar medir las fuerzas con las que intento describir lo que tengo que describir me destruiría a mí mismo sino tuviera la capacidad innata,inmaterial de transformarlo en palabras, y de hacéroslas llegar,éste es el resultado, espero que os sea útil,gracias por leerlAS...hehe!!!.me perdonaréis el afán terapéutico de este libro, no me queda otra, pero creo que no me he confundido y en realidad es un paso más allá de la LITERATURA QUE SIEMPRE ES PENSADA.este libro ha sido pensado hace mucho tiempo, miles de años diría yo, en mi cabeza, a través de las sucesivas reencarnaciones por las que mi alma ha viajado.Ahora puedo hablar, se me ha dado ese permiso, pues bien, allá vamos...

Lo primero que debo deciros es Felicitaciones, si estáis leyendo estas mismas palabras,en estos momentos, es porque nos lo merecemos todos.

Todo en el Universo ha surgido como un proceso de metamorfosis, de transformaciòn dentro de la transformaciòn,màs allà de la materia y la no-materia, re-ciladas a su vez miles de veces en la ausencia, (existe la ausencia? La nada total?)

Así, la Metalúrgica-deÔnda es asi :

Ahora, conviene desplegarla.

Con el emblema añadido : "This is Our Victory!!!"...hehe!!!.

De nuevo volvemos a esos tiempos...Cuando todo parece perdido...Significa justo lo contrario, es que lo tenemos todo ganado, pero cuando todo se refiere a una decisión última,se requiere ultimas decisiones,hoy estaba todo perdido,TODO, de repente,desperté y me acordé que siempre hay una posibilidad,aunque sea mínima, es máxima,asi que me fui de nuevo al jardin, alli me recosté en mi asiento,y me senti absolutamente perdido, triste, TODO PERDIDO, mentira!...de pronto recordé que cuando parece que todo está perdido es cuando realmente todo está por ganar, cuanto más hundido más elevado te levantas,Argüelles...Ústia!!,y de repente, de pronto apareció en mi pantalla mental una imagen, aunque sea una tonteria...Hoy es el primer dia del signo de cáncer...Asi que he visto a miles de cangrejos(Cáncer,su simbolo) llevando el barco del Capitán Jack Sparrow a través de un desierto de sal hasta el mar, y Jack viéndolo...Cangrejos,barco,Jack,coñol Si yo soy el Capitán Pirata Jack Sparrow!!!...y sali corriendo de mi Centro Modular de la Galaxia Epsylon,y tropecé con una piedra, apunto de caerme,...pero no! Segui en pie y liegué a destino, ésta ha sido la prueba más dura de mi vida, y os la queria contar, pero si estáis leyendo estas mismas palabras y yo estoy aqui escribiéndolas es que están perdidos,vamos a por ellos!!!,Es que Ya Hemos ganado!!!Porqué? Eso forma parte del misterio....hehe!!!.No es lo mismo conocer el camino que recorrerlo, recordad siempre estas mismas palabras...hehe!!!.Yo soy la esperanza del mundo,como Jesús, yo soy la luz y la vida,...bueno,...una de ellas,asi que seguidme...hahahah!!! :

#El mundo vive en una pseudo-realidad subyacente de la cual no despiertan, y los drena y los explota, unos pocos estamos fuera de esa pseudo-realidad y despertamos al resto, ése es nuestro trabajo, cueste lo que cueste!!!.No sé cuántos existen de nosotros, sólo sé que no soy el único, y si lo fuera nada cambiaria porque en realidad somos UNO,pues eso, navegamos por encima y por debajo de esa pseudo-realidad de consenso social en la que nos quieren obligar a creer y defender.Podemos SABER que eso es asi, pero solamente saberlo no cambia las cosas, hace falta una implicación total,en cuerpo y alma, a vida o muerte, esta mañana mi hija me lo dijo: Papi, recuerdas "La Vida es Bella"?"...El "Buon Giorno Principesca!" Y ella me ha dicho que es una pelicula preciosa...hehe!!!.

Y dónde se celebran las peleas más populares de la MMA? En un octógono!!!...hehe!!!

Aqui se abre una perspectiva totalmente nueva en el libro, y tendremos que rendirnos a ello...hehe!!!,

Alex Collier, conexión ET 1994 (Video youtube) : "...Pero el punto es que cuando miras el panorama completo, y vas a la cima de la escalera,te das cuenta que no somos el enemigo.El enemigo no es humano ,para nada. Pero está haciendo todo lo que puede para mantenernos ocupados, de manera que no podamos ver la verdadera realidad, la verdadera causa son esas otras razas que están aqui, jugando con nosotros, alimentándose de nuestra energia, esperando que nos destruyamos para quedarse con el planeta".

Esas razas según Alex Collier son : Alpha Draconis ,el Grupo de Orión, y los Grises de Zeta Reticulis 2, sobre todo.. Antareanos renegados también formarian partde del grupo, asi como algunos sirianos Beta

Aunque nos referiremos a ello más adelante...hehe!!!

Éste es el punto fundamental, todavia, y no solamente de nuestra emancipación y lucha sino el paradigma desde el que empezar, no he colocado estas palabras antes en ninguno de mis libros porque no había llegado el momento, pero ahora si, gracias Alex.

Es tan grave la situación en estos momentos en nuestro planeta, que nada nos salvará, excepto ser más rápidos que ellos, ninguna religión, ni ninguna ideologia, debemos despertar del control y del dominio y hacerlo en masa,y no dejarnos intimidar, seguir al Dios Vivo,siempre, porque ésa es nuestra única posibilidad de éxito.

Sigamos con este video de Alex Collier :"Y el Plan divino es el de libertad, libre expresión, libre expresión, libre expresión, y no uno que quieran implantarnos y digan "tú vas a ser esto, tú vas a ser esto o lo otro".No se trata de eso.Y si alguien intenta forzarte a eso, no lo permitas,LUCHA!".

"La necesidad de unos pocos, pesa más que la necesidad de la mayoria,perdón, pero eso no es correcto...pero va a ser la humanidad la que se levante (Rise) ,y tome la batuta, apague la televisión, se suba en su coche ,tendrán que pelear con todos los que saben y no hacen nada en sus parlamentos, pero tendrán que hacer algo!, la apatia tiene que terminarse ,de lo contrario, la forma en que vivimos acabará, Finalmente, ése es el punto! ".

Asi seguimos hoy en el Cylon 200 –Luciérnaga Xª-10º Cylon Insekto del IVº Sektor (o Mes Insekto) "De la Revolución", 2ª Semana ,Del Cuestionamiento, en el Camino del Grillo (Xº De la Motivación), La Ciudad del 343-Ciudad de la Contemplación Insekto, El Guerrero Mosca ("Siente la efervescencia cósmica en todo tu ser") medita en la subida a la Pirámide Insekto, Cylon 268-C19 : 32-368-348-208-BB-247-C250-NºHOME 387420489-BB-NºHOME ESPEC 1162261467.

Proyecto de Desobediencia Económica :

1-Exigimos la absoluta y total condonación de todas las deudas inmobiliarias, financieras,...en España, una revocación de las deudas familiares ,si el pueblo se una en esta propuesta, el 99% y nos negamos a pagar, mañana mismo ,nadie, ningún poder puede negarse a nuestro deseo, el deseo del pueblo, ya que la crisis fue provocada por la élites, no tiene que ser doblemente pagada por los sectores más desasistidos de España ,ni por los países más robados de Europa frente al Imperialismo impuesto de los países del Norte...Así exigimos YA! Y de manera definitiva la condonación de todas las cargas del pasado, proceso a ser realizado de facto como paso previo para la instauración de un nuevo Status Quo en España,Europa y el mundo,gracias...hehe!!!.Y...

2-...Empezar desde cero, económicamente hablando,Gracias....hehe!!!>

Omo siempre, y muy de cerca de la Exopolítica hablemos de la política interna de USA con autores como Preston B. Nichols "Encuentro en las Pléyades", hay por ahí un video de su encuentro con un draconiano en su puesto de asesor en el "Proyecto Montauk",y como se emborrachaba el lagarto con una solución de Hidróxido de Sodio en agua.Y un informe sobre la famosa base Dulce en Nuevo México ,y "Sandia" (alex Collier,sic.) , así : "Aerial or UFO phenomena, Psychic or Psichotronic investigation, Cattle and Animal Mutilations, Vampirism, Men In Black, Conspiracies and Assassinations, Secret Societies, Underground Anomalies, Quantum Mechanics, Legends and Mythology, Ancient Civilizations, the 'Mothmen' and other 'Crypto-Zoological' encounters, Energy Grids and other Geo-Magnetic anomalies, Biogenetics and Cloning, Cybernetics and Artificial Intelligence, Abductions and Missing Time, Hypnotherapy and Mind Control, Missing Persons... There are no doubt many others that I have not mentioned."pág.3,The Dulce Book, The Watcher Files.(Pág. Web/Site)

Esta frase la hago mía : "Many of 'us' who have continued the battle have sacrificed our comfort, our social and economic welfare, and in some cases even our very lives to fight the Enigm/Muchos de nosotros que hemos continuado la batalla hemos sacrificado nuestro comfort, nuestro bienestar económico y social, e incluso en algunos casos nuestra vidas para luchar al Enigma".Pag. 4,The Dulce Book,The Watcher Files (Pág Web/Site)

Matto Grosso do Sul, donde se encuentra la mayor parte de las población Guaraníe-Kaiowá formaba parte de la Atlántida también.

Nuestros hermanos de Epsylon están con nosotros. (la primera vez que me indican que quieren aparecer físicamente, como véis, son humanos....hehe!!!).

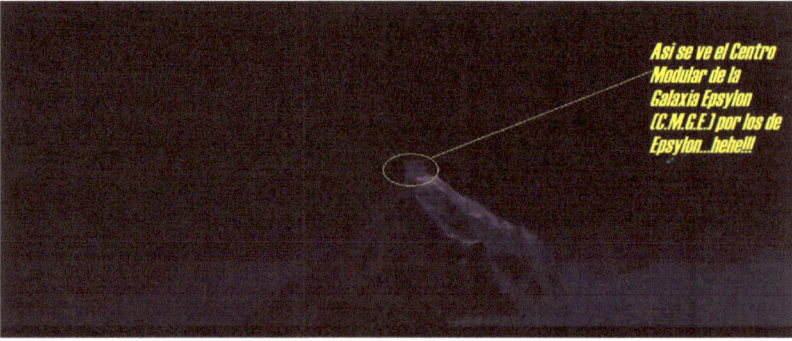

Así se ve el Centro Modular de la Galaxia Epsylon (C.M.G.E.) por los de Epsylon...hehe!!!

Así se ve el Centro modular de la Galaxia Epsylon (C.M.G.E.),desde el punto de vista de los de Epsylon.

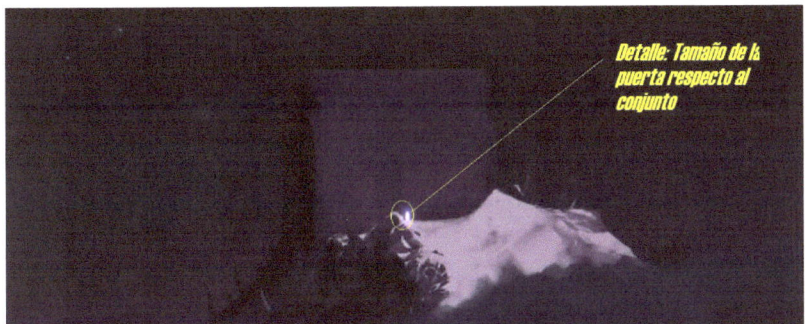

Detalle: Tamaño de la puerta respecto al conjunto

#Centro Modular de la Galaxia Epsylon (Edificio y detalles. Representación Gráfica).

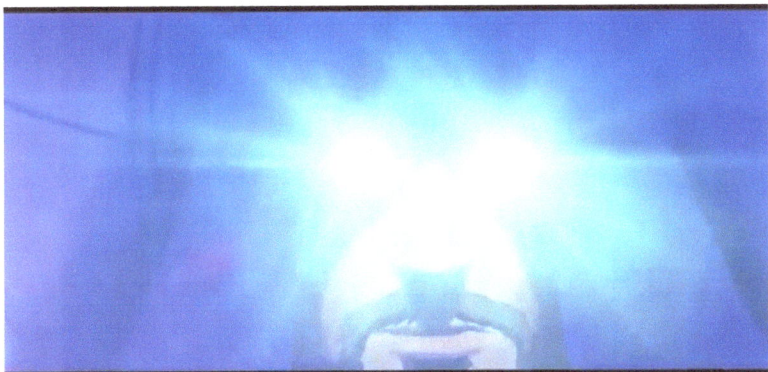

#Mensaje Recibido!!!....hehe!!!.

#Mensaje Insekto en el Centro Modular de la Galaxia Epsylon (C.M.G.E.)

#Nuevos Mensajes Insekto...

#Ésta es la Ciudad Subterránea Intraterrestre que se encuentra bajo el Centro Modular de la Galaxia Epsylon (C.M.G.E.P a muchas millas bajo tierra.Un gran conducto que nos lleva hacia la Ciudad Intraterrena...hehe!!!

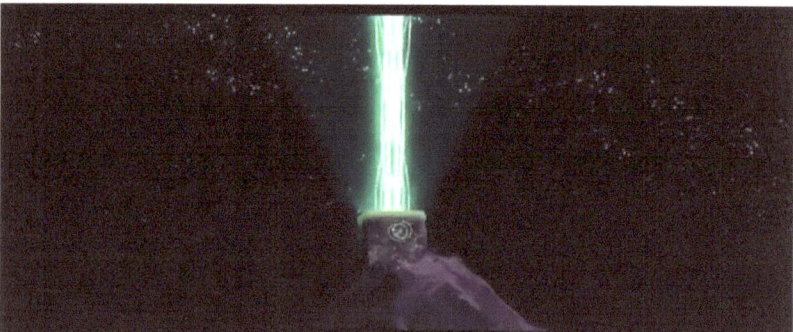

#Es asi que funciona...hehe!!!

Siguiendo con el Proyecto Dulce : "Pine Gap - Alice Springs, Australia. This base is a massive multi-levelled facility run by the "Club of Rome" which, like the 'Bildeberger' organization, is reputedly a cover for the Bavarian Illuminati. The article spoke of antigravity disk research, and plans to make Pine Gap a major "control center" for a "New World Order". Pine Gap is equipped with whole levels of computer terminals tied-in to the major computer mainframes of the world which contain the intimate details of most of the inhabitants of industrialized nations.".

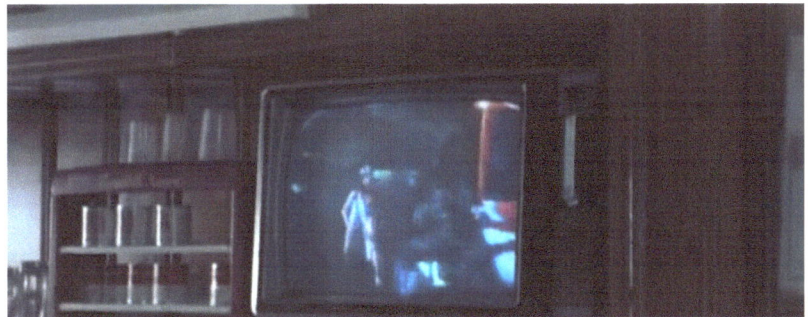

Una nota : Este Alpha Draconiano (con una gran cola y enormes alas) aparece en un telefilme em el bar en 1984 al que entran los dos marineros que se lanzan por la borda del E.C. Eldridge em el 1943 donde se realizo "El Experimento Philadelphia", según muchos colaboradores en el proyecto éste era dirigido por un grupo elegido de Alpha-draconianos y Grises. Casualidad?...hehe!!!.
La camarera que les sirve el café también parace bastante reptiliana...hehe!!!.

Von Neuman, Nicolas Tesla y Albert Einstein , junto a otros que sirvieron de testigos y luego escribieron sobre el caso, como Edward Cameron y Preston B. Nichols...., trabajaron juntos en el experimento Philadelphia y para perfeccionar la Teoría del Campo Unificado que sería la base del mimso, así como el proyecto Montauk, y la relación de la NSA ,la MJ-12 o PI-12 con los extraterrestres hostiles, regresivos, como Grises y Draconianos que asesoraron de cerca tales proyectos, esto es viéndolo desde un punto de vista más completo.
Así, como sabes, hemos distribuido nuestras bases por todo el planeta, de manera adyacente y aleatoria a las bases de Grises y Reptilianos, allí donde te encuentras existe una gran falla bajo tierra donde cohabitan los intraterrestres y una escisión de pleyadianos, también muy cerca una colonia de Alfa-draconis con 22 miembros de la alta élite o realeza reptiliana,sobre todo a uno de ellos, es un ejemplar gigantesco y habita cerca del emplazamiento de donde habitáis, requiere mucho alimento y energía negativa, muhos grises están yendo allá a construir una base con las fuerzas armadas brasileñas en Santa maría, donde ocurrió la tragedia de la discoteca kiss, con protagonismo de estos alfa-draconianos y grises disfrazados de humanos,o directamente clones humanos monitoreados por grises, y todo "aderezado" bajo la atenta vigilancia de las fuerzas armadas brasileñas, sin intervenir...Lo que te preguntas es que tiene que ver eso contigo.....bueno, los atentados de Al-qaeda en Madrid ,o supuestamente de Al-Qaeda, tuvieron que ver contigo, así como el 11S, de manera directa, así como el "atentado" de la discoteca kiss, pero es una información que de momento no podemos revelarte,simplemente debes saber que estás en el lugar correcto haciendo lo que es debido,nada más, gracias,Es asi que funciona,Epsylon.

Formando parte del programa SETI de búsqueda de Inteligencia Extraterrestre o Exobiología, como se vino a denominar desde entonces, el Radiotelescopio de Arecibo, Puerto Rico 12/10/1992 cal. Greg.

http://www.ustream.tv/channel/live-iss-stream

http://peticionpublica.es/pview.aspx?pi=ES73848 Recogida de firmas por la vuelta de los exiliados políticos a España.

70. "Arroja lo que hay en tu mano derecha; se tragará lo que ellos han forjado. pues lo que han forjado no es más que trucos de magos. Y un mago no puede triunfar sea cual sea su origen":

وَأَلْقِ مَا فِي يَمِينِكَ تَلْقَفْ مَا صَنَعُوا ۖ إِنَّمَا صَنَعُوا كَيْدُ سَاحِرٍ ۖ وَلَا يُفْلِحُ السَّاحِرُ حَيْثُ أَتَىٰ ۞

Sura Ta Ha ,El Sagrado Corán, pag 466.

It is my belief that even if there is a fascist-CIA cabal trying to establish a world dictatorship using the 'threat' of an alien invasion to foment world government, that the 'threat' may be real all the same. It is also possible that the 'Bavarians' may be working with very REAL aliens in an end-game designed to establish a world government using this 'threat' as an excuse to do so, although when the world is under 'their' control the Illuminati may betray the human race by turning much of the global government control- system over to the Grey aliens (the Beast?). The aliens may have been collaborating with the Bavarians for a very long time as part of their agenda to implement absolute electronic control over the inhabitants of planet earth. One source, an Area 51 worker -- and member of a secret Naval Intelligence group called COM-12 -- by the name of Michael Younger, stated that the Bavarian Black Nobility (secret societies) have agreed to turn over three-quarters of the planet to the Greys if they could retain 25 percent for themselves and have access to alien mind-control technology. The aliens would assist in the abduction, programming and implanting of people throughout the world in preparation for a New World Order -- which in turn would be annexed to the alien empire. Apparently some top-echelon Bavarians have agreed to this, since they realize that they NEED the alien mind-control and implant technology in order to carry out their plans for world domination. In his lengthy letter, Jim Bennett, director of the research organization 'PLANET-COM', writes:"La Base de Dulce y la Conexión Nazi

www.ingramcontent.com/pod-product-compliance
Lightning Source LLC
Chambersburg PA
CBHW041151180526
45159CB00002BB/787